为人之道

修身·齐家·敬业·行天下

国子／著

时事出版社

序

讲家国情怀，讲励志，传统文化是“修身齐家治国平天下”。《礼记·大学》中说：“古之欲明明德于天下者，先治其国；欲治其国者，先齐其家；欲齐其家者，先修其身……身修而后家齐，家齐而后国治，国治而后天下太平。”修身、齐家是人生的必修课。仰望星空，还得脚踏实地。治国、平天下于常人来说，就是仰望星空。脚踏实地，贴近大众，推陈出新，就把“治国、平天下”改为“敬业、行天下”。

立业是人赖以谋生的手段，立业必须乐业、敬业。梁启超先生曾说：“敬业即是责任心，乐业即是趣味。我深信人类合理的生活应该如此，我望诸君和我一同受用。”

行天下呢？现在是网络时代，身居斗室，足不出户，便可尽知天下。这个天下，也就是社会。人必须融入社会，这是由人的社会属性所决定的。人是社会的人，不是孤立的，是不能游离于社会之外的。陶渊明式的田园、避世，只是自我陶醉、孤芳自赏。人的幸福、事业、自由必须从社会生活和社会工作中去追求、去获得。《为人之道》就是按照人的成长历程，以修身、齐家、敬业、行天下谋篇布局，这是一个人的生命历程，也是一个人的为人之道。道者，方向、途径、法则也。人道，就是做人的道理、规则、道德也。德国哲学家康德说："有两件事让心灵永远仰望：一是天上的星辰，二是人间的道德。"

那么，书名为什么不叫为人之德呢？为人之道与为人之德哪个更贴切？斟酌再三，我认同歌德之论，"无论你出身高贵与低贱，都无关宏旨。但你必须有做人之道"。也认同刘刚、李冬君夫妇在《文化的江山》中的论道之说，德是伦理性规范和权威，道是必然性规范和权威。道是对德的超越，道可以兼德，而德不能替道。法天道，立人道；道是最高本体，为普遍法则。本书内容虽有为人之德的伦理规范，然而更多的还是为人之道的必然选择。

古人云"十年磨一剑"，《为人之道》雕琢磨砺二十二年。广大读者接受程度怎样，有待作品面世检验，这是后话。眼下只做自己乐于做的，写的过程尽力了，结果如何？文质怎样？一切随缘。古人云，"达则兼济天下，穷则独善其身"。兼济不敢太多奢望，独善其身又过狭隘，那就独善其家吧。就当我为我家写了本家风教育读物，传之于后。

杨振宁先生说过，“孩子成长时，其他人的言行以及孩子吸收的知识，是决定他将来命运的重要因素”，这是大科学家的经验之谈。

领袖人物怎么看待呢？

习近平总书记讲得更精辟、更到位。他说：“无论时代如何变化，无论经济社会如何发展，对一个社会来说，家庭的生活依托都不可替代，家庭的社会功能都不可替代，家庭的文明作用都不可替代。无论过去、现在还是将来，绝大多数人都生活在家庭之中。我们要重视家庭文明建设，努力使千千万万个家庭成为国家发展、民族进步、社会和谐的重要基点，成为人们梦想启航的地方。”他又说，“希望大家注重家教”，“家庭教育涉及很多方面，但最重要的是品德教育，是如何做人的教育”。他还说，“希望大家注重家风”，“家风好，就能家道兴盛，和顺美满”。他殷切希望“把修身、齐家落到实处”。

高山仰止，景行行止。

见贤思齐。

谨遵领袖的教诲，借鉴科学家的经验之谈，山花借得芝兰香，这就是《为人之道》的创作初衷。唯愿后世子孙不忘老夫初心，学有所成；做人如水，从善如流；做人如兰，淡泊自然；做习近平总书记所要求的“对国家和人民有用的人”。

是为序。

自序。

2017 年 4 月 1 日

目录

修身

正心

修身之要

贵在正心

正心之道

重在立品

若金发砺

若陶在钧[①]

励志图强

事业有成

适己之性

尽己之能

逆之无益

顺之有成

四时有序

顺势而行

取法乎上

方得其中

取舍随缘

能退能进

收放自如

能忍能容

平淡于物

平常于心

平等于人

云淡风轻

天地合德

日月合明

智者达理

仁者通情

敬畏自然

敬畏良心

敬畏法律

行莫放纵

穷不失义

独善其身[2]

富不离道

兼济苍生

戒骄戒躁

克俭克勤

中和位育[3]

各守其分

功成业就

莫为名负

位高权重

终是“公仆”

①【若金发砺　若陶在钧】毛泽东年轻时题写的自励警句："若金发砺，若陶在钧；进德修业，光辉日新。"意思是说，要让金子发光就要经受磨砺，要做好陶就要在转轮上多加修造。

②【穷不失义　独善其身】出自《孟子·尽心上》。意思是说人穷的时候不丧失道德的标准，而发达的时候也不可以背弃自己做人的原则。

③【中和位育】出自《中庸》，其开篇说："喜怒哀乐之未发，谓之中；发而皆中节，谓之和。中也者，天下之大本也；和也者，天下之达道也。致中和，天地位焉、万物育焉。"这是儒家的核心口号，是修养功夫之极致。"中和"是目的，不偏不倚，协调适度；"位育"是手段，各守其分，适应处境。

正身

身之发肤

受之双亲

修身养性

自重自珍

贫不移志

富不奢淫

俭以养德

静以修身

礼义诚信

和谐中庸

崇善向美

追求本真

上善若水

如水做人

从善如流

静水流深

如梅如兰

不炫不争

如竹如菊

淡泊从容

言语得体

行为文明

站坐有相

文静庄重

仪态端庄

衣饰修整

言不喧哗

行莫扰人

交际场合

礼待宾朋

周全礼节

注重风情

国格尊严

人格平等

礼待外宾

不卑不矜

民族有别

习俗不同

美人之美

美美与共①

①【美人之美　美美与共】语出著名社会学家费孝通先生关于处理不同文化关系的十六字箴言“各美其美，美人之美，美美与共，天下大同”。

齐家

婚育

男婚女嫁

本属自然

择妻选婿

重在情缘

有缘相聚

有情相恋

薄情寡义

岂能长远

贪欢求艳

露水姻缘

攀高结贵

高处更寒

图钱择偶

昧心求欢

黄金有价

青春无返

情投意合

志趣相同

两情相悦

喜结秦晋

十月怀胎

母子连心

按时检查

察看胎情

古有胎教

三月而行

孕妇康乐

事关优生

调和情致

品乐赏景

劳逸适度

勤动慢行

一朝分娩

母乳喂婴[①]

营养方便

益智健身

产妇饮食

禁忌生冷

一日多餐

干稀素荤

婴幼体弱

抚育细心

母子康泰

其乐融融

①【母乳喂婴】母乳是婴儿的生命之泉。母乳适合婴儿的消化能力和身体需要；母乳可以增强婴儿对疾病的免疫力并抵抗某些感染；母乳喂养的婴儿少患营养紊乱病；母乳有抗过敏的作用；母乳汁鲜、干净、温暖、温度适宜、哺喂方便。

家教

家教之重

人生启蒙

教之有方

受益终身

发展兴趣

因材育人

天下父母

皆同此心

身教垂范

言教专心

琢玉成器

教子成人

溺爱不教

骄娇恣行

严而无度

反生怨恨

爱而不宠

严格示训

严而不苛

理解关心

孟母断杼[1]

喻儿自珍

曾子杀猪[2]

以行取信

岳母刺字[3]

诲儿尽忠

包拯[4]刻碑

警后廉明

泽东[⑤]家教
慈爱严明
送子援朝
情撼世人
痴心父母
望子成龙
其情可宥
期望过重
重金赂学
责打诫训
拔苗助长
反害儿孙
自古纨绔
骄惯成性
荒于嬉戏
毁于放纵

寒门贵子

并非天生

矢志苦学

磨砺成锋

烟酒有害

恶习伤身

淫秽读物

污染心灵

儿孙年少

自当奋进

勤奋学习

健康身心

勤俭自立

珍爱生命

尊敬老师

孝敬老人

团结同学

诚实守信

举止有礼

爱护环境

文明上网

公益热心

遵守规则

爱国爱民

中华我土

人杰地灵

英才辈出

榜样彪炳

人民总理

恩来周公[⑥]

鞠躬尽瘁

为国为民

英雄胡兰[7]

献身革命

生的伟大

死的光荣

战士雷锋[8]

爱憎分明

无私奉献

忠于人民

民族脊梁

鲁迅[9]先生

椽笔千钧

文坛驰骋

钱老学森[10]

饱学归根

科学巨擘

尖端问鼎

立志成才

发奋图强

好好学习

天天向上

①【孟母断杼】孟，孟子（公元前372—前289年），名轲。孟子小的时候，有一次逃学回家，他的母亲正在织布，顺手拿起剪刀把织好的一匹布拦腰剪断。孟子非常奇怪，问母亲何故。孟母说："你学习诗文，就像我织布一样。我织布由丝成寸，由寸成尺，日积月累，才成一匹长长的布。你现在只学了一会儿就觉得累，怕麻烦，就像我如今还没有织成一匹布就把它剪断一样，终究也成不了大器。"孟子听后很受震动，从此立志苦学，终于成为战国时期著名的思想家、教育家。

②【曾子杀猪】曾子（公元前505—前435年）的夫人到集市上去，其子哭闹着要跟着她去。这位母亲就对她的孩子说："你回去，等我回来杀猪给你吃。"结果，夫人刚从集市上回来，曾子就马上要去杀猪。夫人忙阻止他："我所说的只不过是哄哄

小孩子罢了，你居然信以为真了。”曾子道：“做家长的要言而有信，如果常拿空话哄孩子，他以后就不会相信我们的话了。”

③【岳母刺字】岳飞（1103—1142 年），字鹏举，宋相州汤阴县（今河南汤阴）人，南宋抗金名将。他出身贫寒，没钱上学，全靠母亲教他识字，从小就抱定效国之心。金兵入侵时，他应征入伍。临行前，母亲在他背上刺了“精忠报国”四个字，教导他要为国效忠，誓杀金兵。岳飞牢记母亲教诲，英勇善战，成了战功赫赫的抗金英雄，名扬千古。

④【包拯刻碑】包拯（公元 999—1062 年）晚年时，在家中刻了一块石碑，上刻：“后世子孙仕官，有犯脏滥者，不得放归本家，亡殁之后，不得葬于大茔之中，不从吾志，非吾子孙。”旨在教育儿孙后辈要光明磊落、诚实做人、清白为官。他的儿子包绶，遵从父亲的遗志，做了一辈子官，两袖清风，死后只留下几本著作。

⑤【泽东家教】泽东，即毛泽东（1893—1976 年），伟大的马克思主义者，中国共产党、中国各族人民的伟大领袖和导师，中华人民共和国的缔造者。1949 年，当选为中华人民共和

国主席。1950 年 10 月，中共中央做出抗美援朝、保家卫国的决策，毛主席毅然将最钟爱的长子毛岸英送到朝鲜参战。1950 年 11 月 25 日，毛岸英血染异域，永远地留在了朝鲜。

⑥【恩来周公】即周恩来（1898—1976 年），伟大的马克思主义者，党和国家的卓越领导人，中国人民解放军的缔造者之一。字翔宇，原籍浙江绍兴，生于江苏淮安。在半个多世纪的革命生涯中，他为中国人民的解放与幸福倾注了毕生的精力和心血，深受国内外人民的尊敬和爱戴。

⑦【胡兰】即刘胡兰（1932—1947 年），别名富兰，山西省文水县云周西村人，著名的革命先烈。1947 年 1 月 12 日从容就义，时年 15 岁。毛泽东主席亲笔为她题词：“生的伟大，死的光荣。”

⑧【雷锋】湖南省长沙县人，1940 年生，1962 年 8 月 15 日在执勤中不幸牺牲。雷锋的一生是平凡而伟大的一生。1963 年 3 月 5 日毛泽东亲笔题词“向雷锋同志学习”。

⑨【鲁迅】鲁迅（1881—1936 年），中国现代伟大的无产阶

级文学家、思想家、革命家。原名周树人，字豫才，浙江绍兴人。1918 年 5 月，首次用“鲁迅”作笔名，发表了中国现代文学史上第一篇白话小说《狂人日记》，奠定了新文学运动的基石。他的杂文笔锋犀利，思想深刻，被毛泽东主席称为“匕首、投枪、解剖刀”。鲁迅一生为中国的文化事业做出了巨大的贡献。

⑩【钱老学森】钱学森（1911—2009 年），浙江杭州人，中国著名工程控制论学者，1935 年赴美留学。1955 年回国后，直接参与并组织和领导了中国的运载火箭、导弹、卫星的研制攻关和试验工作，为中国航天事业的发展做出了卓越贡献。

和睦

和睦家庭

夫妻核心

举案齐眉

互爱互敬

男不尊大

女不卑从

主动调适

情感交融

穷莫易节

富不变心

相濡以沫

风雨同行

婆媳翁婿

理解尊重

虽非骨肉

休戚关情

婆对儿媳

视若亲生

看顾爱惜

掬尽真情

偶有不贤

谅解宽容

怀揣三年

铁石生温

儿媳待婆

应如娘亲

知疼知爱

敬重关心

婆媳难处

儿当居中

巧施斡旋

妙语开心

兄弟姐妹

手足情深

心相默契

行相照应

供养老人

合力同心

遗产继承

以法为凭

煮豆燃萁[①]

贻害弥深

亲密无间

黄土成金

妯娌融洽

家门有幸

若有摩擦

兄弟秉正

不可偏信

切勿怂恿

温言明理

春阳消冰

天和则清

地和则宁

人和则生

家和则兴

①【煮豆燃萁】魏文帝曹丕因嫉妒弟弟曹植之才学，蓄意谋害于植，便限植在七步之内作诗一首，否则就要杀植。曹植立刻吟道："煮豆持作羹，漉菽以为汁。萁在釜下燃，豆在釜中泣。本是同根生，相煎何太急？"比喻兄弟间自相残害。

孝顺

恭行孝道

百善之宗

孝顺美德

世代传承

黄香温席[1]

王祥卧冰[2]

至善孝德

千古传颂

母爱子亲

父慈儿敬

尊老事亲

地义天经

祖辈曾祖

南山老松

细心照看

精心侍奉

老人鳏寡

倍加关心

善其衣食

便其住行

嘘寒问暖

知热知冷

精神抚慰

细语暖心

微博微信

聊天视频

解其寂寞

丰富精神

工作再忙

敬老莫忘

公务再繁

回家常转

出行在外

如遇老人

出手相助

视若尊亲

羔羊跪乳[③]

乌鸦反哺

知恩当报

孝行今古

①黄香（约公元68—122年），字文强（一作文疆），江夏安陆（今湖北云梦）人。东汉时期官员、孝子，是“二十四孝”中“扇枕温衾”故事的主角。他年方九岁时，便知事亲之理，名播京师，号曰“天下无双，江夏黄香”。后任郎中、尚书郎、尚书

左丞。又升任尚书令，任内勤于国事，一心为公，熟习边防事务，调度军政有方，受到汉和帝的恩宠。后出任魏郡太守，于水灾发生时以自己的俸禄赏赐来赈济灾民。不久被免职，数月后在家中去世。其子黄琼、曾孙黄琬，都官至太尉，闻名于天下。《三字经》中有对黄香的描写："香九龄，能温席。孝于亲，所当执。"

②王祥卧冰求鱼以奉母，比喻子女孝顺父母。卧冰求鲤是古老的民间传说故事。最早出自干宝的《搜神记》，讲述晋人王祥冬天为继母在冰上捕鱼的事情，被后世奉为奉行孝道的经典故事。房玄龄等编撰《晋书》亦收录此事，元代郭居敬则将其列入《二十四孝》中。卧冰求鲤也是山东省民间文学类的非物质文化遗产。

③语出古训《增广贤文》，原文是"羊有跪乳之恩，鸦有反哺之义"。动物都知道感恩父母、孝敬长辈的道理，妈妈照顾它，它感谢妈妈，难道人不懂吗？

尚俭

尚俭之德

传家受用

俭以持家

风尚文明

财源广进

俭朴节用

用而不奢

俭而不吝

衣不厌旧

食不贪丰

丝缕不易

颗粒艰辛

煤水气电

生活日用

浪费可惜

节俭为荣

物力维艰

巧施妙用

变废为宝

整旧如新

有当思无

富当虑贫

细水长流

筹划精心

踊跃储蓄

存零取整

聚沙成塔

举业有成

红白喜事

量力而行

倡新从简

操办文明

盛情简酌

答谢内外

电函致意

鲜花表怀

阔者抛金

滥立异规

平民跟风

攀比追随

尽倾积蓄

高筑债台

因乐招忧

苦果自摘

陋习务改

良风辅政

移风易俗

开创新风

安康

安康居家

发展保障

居安思危

防患经常

安全生产

谨记勿忘

易燃易爆

妥为运放

农药剧毒

严密收藏

防火防盗

自救联防

家用电器

操作得当

交通出行

严守规章

食品营养

安全为先

色香味形

仔细明辨

修房缮舍

科学规划

坐落向阳

出路通达

厅室厨卫

装饰典雅

煤水气电

布设有法

物俱整洁

有序摆放

安居雅室

心怡神旷

劳逸结合

起居有常

饮食科学

讲究营养

吸烟有害

酗酒有伤

珍爱生命

心宽体壮

黎明洒扫

满屋清爽

洗漱沐浴

身轻气畅

病从口入

时刻预防

勤观天候

增减衣裳

坚持锻炼

有益健康

文化娱乐

心情舒畅

伤病早医

不要逞强

引发顽疾

后果不良

神巫骗术

游医邪方

轻信上当

雪上加霜

相信科学

保健经常

人有健康

家有小康

住有所居

学有所上

病有所医

老有所养

柴米油盐

诗酒花茶

歌舞影视

琴棋书画

物质丰盈

精神高雅

幸福安康

合家欢乐

敬业

从教

若择从教

职业光荣

传道授业

塑造灵魂

甘当蜡炬

奉献光明

培育桃李

温暖三春

三尺讲台

一颗丹心

面向未来

心系国运

师如父母

大爱育人

视若掌指

一视同仁

智有强弱

悟有迟敏

谆谆教导

孜孜诲人

授业解惑

学须精深

给人以勺

备之以泓

学而不厌

进取有恒

源头汲水

常取常新

为人师表

自重德行

言传身教

以德树人

名不移志

利不动心

志存高远

乐教倾心

以德施教

润物无声

千教万教

教人求真[①]

教无定法

育有良方

不断求索

勇于首创

师道相尊

教学相长

献身教育

桃李芳香

①【千教万教 教人求真】出自陶行知“千教万教教人求真，千学万学学做真人”的教育名言。他希望自己的学生除了在学业上不断进步外，还要多学本领，追求真理，成为国家需要的人才。

从医

若择从医

救死扶伤

恭行人道

医德高尚

人食五谷

孰能无病

病则求医

如求救星

今我为医

治病救人

接待患者

至爱至诚

如我父母

似我弟兄

尽献医术

妙手回春

临床诊治

悉心凝神

抢救危急

分秒必争

患者第一

生命至重

一心赴救

不辞苦辛

为患保密

守口如瓶

不论贵贱

莫分疏亲

对待病人

极端热忱

对待医术

精益求精

七分护理

三分治病

医护到家

患者大幸

庸医误人

无异害命

索取红包

有同剪径

假医假药

危害生灵

于德有损

于法难容

古医仁德

义治苍生

橘井杏林[1]

扬其美名

①【橘井杏林】橘井，相传古代有个叫苏仙公的名医，修仙得道。仙去前，他对母亲说：明年若发生疫疾，取庭中井水一升，檐边橘叶一枚，可救治一人。来年，果然发生疫病，他母亲依言而行，医治病人，果然都治愈了。杏林，相传三国时吴国董奉为人治病不受报酬，对于治愈的病人，只求为其种几株杏树。几年以后，蔚然成林。两个典故皆喻医德高尚。

务农

若择务农

勤劳为本

勤俭持家

富裕文明

思想解放

开窍心明

海阔鱼跃

各展其能

政策扶持

科技推动

兴家创业

虎翼生风

富无常业

各有门径

找准门路

专心经营

粮油棉菜

国民宝物

科学种植

富裕通途

科学施肥

精心选种

合理密植

细作精耕

区域种植

防治病虫

地膜覆盖

轮作套种

节水灌溉

增产节能

科学种田

规模经营

林牧副渔

种养加工

瞄准市场

捷足先登

科学致富

发展林牧

宜林则林

宜牧则牧

稳定致富

经商兴工

宜商则商

宜工则工

有林则绿

有农则稳

有商则活

有工则兴

近期致富

养殖起步

因地制宜

水产畜牧

稳步致富

造林植树

果木茶桑

绿色宝库

长远致富

观念更新

联营工商

搞活流通

无农不稳

无工不兴

创办企业

尽显其能

家庭经营

形式多种

股份合作

个体私营

选定项目

考察审慎

预测供求

禁忌盲行

勤劳致富

食足衣丰

六畜兴旺

五谷丰登

珍惜资源

合理利用

不滥采掘

莫乱开垦

不信邪教

莫信鬼神

崇尚科学

科技兴农

率先富裕

富莫忘本

携手乡邻

致富脱贫

富而思源

富而思进

同步小康

前程似锦

务工

若择务工

企业受聘

参与管理

共享荣兴

追求卓越

工匠精神

坚定执着

专注专心

精雕细琢

打制精品

追求完美

弘扬传承

坚守岗位

严遵规程

精心操作

不苟毫分

勤于学习

苦练技能

不出废次

多出优品

爱厂如家

视物皆珍

减少耗损

增效降本

吃苦耐劳

后己先公

排除事故

不畏险情

奋发图强

学习“铁人”①

勤俭创业

双良②精神

团结一致

与厂同心

厂衰我忧

厂兴我荣

厂长经理

依靠职工

民主治企

科学经营

制度健全

奖惩严明

尊重人才

聘用贤能

革新技术

公平竞争

力创品牌

优质取胜

职工甘苦

常系心中

劳保福利

从优实行

职工权益

维护尊重

劳动法规

严格执行

厂建一流

人树新风

科学管理

企业文明

农民务工

离乡进城

劳务输出

各显神通

入城随习

适应环境

乐业敬业

怀德自重

①【铁人】即王进喜（1923—1970年），甘肃玉门人，生前是大庆油田1205钻井队队长。他以“宁可少活20年，拼命也要拿下大油田”的革命英雄主义精神，为大庆油田的创业立下了卓越功勋，树立了中国工人阶级的光辉形象，被誉为“铁人”。

②【双良】即李双良，全国劳动模范，太原钢铁公司工人。1983年以来，他带领工人起早贪黑、艰苦工作，把几十年形成的占地两平方公里的渣山治理成具有良好经济效益、社会效益和生

态环境的新天地。1988年，联合国环保组织授予他环境保护“全球500佳”荣誉。他为中国工人阶级争了光，同时也为世界治理工业废渣提供了可资借鉴的宝贵经验。

经商

若择经商

敢为人先

立业天下

市场无界

百度①阿里②

亿万网民

为商有道

大商大赢

电子商务

贸易流通

古今商道

诚信为本

心有客户

面有笑容

诚待顾客

温暖人心

举止礼貌

谈吐文明

柜有常客

生意兴隆

货真价实

量足秤准

以质论价

交易公平

顾客至上

信誉第一

诚实经营

取利思义

商品无语

商人有情

日过千客

皆如友朋

悉心服务

承诺千金

商业信誉

无形资本

老幼生熟

一样殷勤

盲聋病残

格外耐心

买多买少

同等热情

购货退货

同样主动

生意不成

情义为重

留下意见

带走真情

以质居优

以诚取信

市场宽展

客户归心

优胜劣汰

公平竞争

利缘随义

大商共赢

商海潮涌

鱼龙混杂

警戒明察

防骗识假

小利莫贪

肥饵有诈

捷径莫求

言过有假

市场多变

商战无情

严守法度

处变不惊

权益受侵

投诉法庭

运用法律

秉持公正

经商理财

取之有径

义利兼顾

守法守信

服务

若择服务

社会之窗

便民为民

用户至上

注重信誉

以德立行

勤学苦练

技艺精良

公众服务

门类庞杂

温暖百姓

情洒华夏

上海徐虎[3]

北京传祥[4]

辛苦自己

方便一方

汽车火车

轮船飞机

乘运旅客

安全第一

全程服务

解人所急

热心细微

尽如客意

北京素丽[5]

公交标兵

善待乘客

方便市民

食宿服务

热情大方

宾至如归

古道热肠

真诚主动

细致耐心

文明礼貌

周到热忱

保险金融

业务求精

严守信用

服务竭诚

电信移动

快递服务

及时便利

重洋无阻

①【百度】全球最大的中文搜索引擎、最大的中文网站。1999年底，身在美国硅谷的李彦宏看到中国互联网及中文搜索引擎服务的巨大发展潜力，怀着技术改变世界的梦想，他毅然辞掉硅谷的高薪工作，携搜索引擎专利技术，于2000年1月1日在中关村创建了百度公司。

②【阿里】阿里巴巴网络技术有限公司是以曾担任英语教师的马云为首的18人于1999年在杭州创立的。他们相信互联网能够创造公平的竞争环境，让小企业通过创新与科技扩展业务，并在参与国内或全球市场竞争时处于更有利的位置。

③【徐虎】上海普陀区房管局的水电维修工。1975年起，徐虎在平凡的水电维修岗位上一干就是21年。他用辛勤的劳动，为周围群众排忧解难，送去了方便，赢得了广大群众的高度赞扬。他秉持“辛苦我一个，方便千万家”的工作态度，21年如一日地坚守在平凡的岗位上，不嫌脏，不怕累，多次被评为全国劳动模范。

④【传祥】即时传祥（1915—1975年），山东齐河人，生前是北京市崇文区清洁队工人，全国著名劳动模范。14岁逃荒到北

京当了掏粪工人。1949 年北京解放后，他怀着为人民服务的思想，把掏粪当成一种光荣的劳动，勤勤恳恳、踏踏实实地工作，赢得了党和人民群众的尊敬与爱戴。“文革”期间，时传祥被林彪、江青反革命集团迫害致残，于 1975 年含冤去世，终年 60 岁。时传祥虽然是一位普普通通的掏粪工人，但他“宁肯一人脏，换来万家净”的精神却非常值得人们学习。

⑤【素丽】即李素丽，北京市公交总公司 21 路公共汽车车队售票员。自 1981 年参加工作成为一名公共汽车售票员以来，她 15 年如一日，立足本职工作，干一行，爱一行，钻一行，把满腔热情、周到服务奉献给乘客，奉献给他人；把车厢当做传播精神文明的窗口，把三尺票台看成神圣岗位，全心全意为乘客服务，得到社会和乘客的广泛赞誉。

为政

若择为政

千条纲纪

服务人民

宗旨第一

与民兴利

为民除弊

古今人杰

毕生所举

大禹治水[1]

舍身忘家

范公仲淹[2]

胸怀天下

榜样裕禄[3]

全心为民

公仆善洲[4]

利归百姓

人民重托

委我以任

不负众望

甘于献身

执政为民

依法行政

谋事创业

踏石留印

科学发展

筹远谋近

一举一措

先想百姓

开拓进取

改革创新

艰苦奋斗

务实求真

调查研究

体察实情

科学决策

论证充分

广开言路

百川有容

力戒专断

民主集中

广识才俊

选贤任能

德才兼备

群众公认

马跑千里

不宜田犁

舟可渡河

陆地难移

避短用长

人事两利

量才授用

适得其宜

坚持真理

敢担责任

仗义执言

宠辱不惊

闻过则喜

诤言常听

知错即改

心端步正

过不巧饰

功不自命

众口皆碑

民心是秤

权力在手

公道正派

公则生明

廉则生威

人民是水

政权是舟

载覆之理⑤

常铭座右

以权谋私

招致腐败

民必生怨

政必生危

为谁做官

怎样用权

日作三省

自警自勉

物价工商

质检计量

保护民益

繁荣市场

税务财政

依法管征

开源节流

充沛国用

矿管土管

执法务严

既利开发

又保资源

寸心不昧

清正廉明

依法依纪

公正透明

科学理论

资政经典

认真研读

指导实践

牢记目标

坚定信念

胸怀天下

居高瞩远

①【大禹治水】大禹，即禹，中国历史传说中黄河流域的著名部落首领，夏代第一代国王启的父亲，姒姓。他接受其父鲧的治水经验和教训，采用疏导办法，凿山开河，为治理洪水献出了全部心血和精力。《史记》中载他“劳身焦思，居外十三年，过

家门而不敢入”。

②【仲淹】即范仲淹（公元989—1052年），字希文，苏州吴县（今属江苏）人，北宋著名的思想家、政治家、文学家。少时发愤读书，常“以天下为己任”，宋真宗大中祥符八年（1015年）中进士。主张建立严密的仕官制度，注重农桑，整顿武备，推行法制，减轻徭役。他在《岳阳楼记》中写下的“先天下之忧而忧，后天下之乐而乐”名句，成为历代忧国忧民之士的座右铭。

③【裕禄】即焦裕禄（1922—1964年），山东淄博人，1946年加入中国共产党，1962年被调到河南省兰考县担任县委书记。当时他已身患肝癌，却置生死于度外，依旧忍着剧痛坚持工作。他带领全县干部和群众一起，与严重的自然灾害进行顽强斗争，努力改变兰考面貌。1964年5月14日，焦裕禄在郑州病逝。1966年2月7日，《人民日报》发表了《县委书记的榜样——焦裕禄》的长篇通讯，同时发表了《向毛泽东同志的好学生——焦裕禄同志学习》的社论。

④【善洲】即杨善洲（1927—2010年），云南省保山市施

甸县人。担任保山地委书记近20年，从政35年始终保持艰苦朴素的本色，廉洁奉公、勤政为民，为保山经济社会发展做出了突出贡献。1986年6月退休后，扎根施甸县大亮山兴办林场20个春秋，植树造林7万多亩，把昔日的荒山秃岭变成生机勃勃的绿色天地，使当地恶劣的自然环境得到明显改善；修建18公里的林区公路，架设4公里多的输电线路，使深居大亮山附近的村寨农户通电通路。2009年，杨善洲把自己用20年时间辛苦创办、价值超过3亿元的大亮山林场经营管理权正式无偿移交给施甸县林业局，兑现了“帮家乡办点实事”的承诺。

⑤【载覆之理】唐谏议大夫魏徵劝唐太宗李世民以隋亡为鉴，认为君好比舟，民好比水，“水能载舟，亦能覆舟”。

司法

若择司法

贵持公廉

有法必依

执法必严

人民法官

司法为民

头顶国徽

心置天平

事实为据

法律准绳

审理准确

判决公正

司法无冤

最高境界

公平正义

最后防钱

司法有错

伤害人民

司法不公

丧失公信

民颂“青天”

海瑞[①]包拯[②]

明镜高悬

铁面公心

不屈权贵

莫受人情

百姓赞誉

青史垂名

人民检察

忠于人民

忠于法律

公正廉明

依法办案

执法严明

有恶必惩

有冤必伸

贪赃枉法

舞弊徇情

人所不齿

法纪不容

律师受托

代人执言

伸张正义

护法尊严

权扰不移

利惑无动

法律面前

人人平等

人民公安

守护人民

忠于职守

服从命令

除暴安良

爱憎分明

闻警即出

遇险前行

捉贼擒盗

反恐维稳

查赌缉毒

扫黄禁淫

缴赃缉私

查逃捕凶

制止斗殴

调解纠纷

治安巡查

风雨值勤

辛苦一人

安泰万民

刑事侦察

技强业精

克敌制胜

速破速擒

立案预审

推断严谨

神思如剑

言辞如钉

外事执勤

威严机警

保守机密

纪律严明

消防救灾

闻讯而动

莫怕苦累

不畏牺牲

户籍管理

严谨认真

民如父母

我献爱心

维护交通

文明执勤

指挥准确

事故常警

整肃警容

为警文明

外树形象

内铸警魂

①【海瑞】海瑞（1514—1587 年），明朝官吏。广东琼山（今属海南省）人。字汝贤，回族，曾任浙江淳安知县。任户部主事时，上疏谏诤世宗沉迷道教，不理朝政，被逮入狱。释后，升任应天巡抚，因疏浚吴淞江，推行一条鞭法，受到大官僚的攻讦，被革职。明万历十三年（1585 年）再起，先后任南京吏部右侍郎和南京右都御史，严惩贪污，平反冤狱，被百姓誉为“海青天”。

②【包拯】包拯（公元 999—1062 年），北宋庐州合肥（今安徽合肥）人。字希仁，仁宗天圣朝进士。在任开封府尹时，以廉洁著称。执法严明，不畏权贵，被百姓称为“包青天”。

文化体育

若择文艺

旨在繁荣

“二为”方向[1]

“双百”方针[2]

戏剧曲艺

电视电影

春风化雨

温润心灵

音乐舞蹈

书美[3]摄影

育人心智

陶冶人生

小说诗歌

剧本散文

启迪思想

铸造灵魂

深入生活

扎根人民

紧跟时代

不辱使命

学贯中西

博采古今

兼收并蓄

包容创新

传统经典

弘扬继承

发掘提高

推陈出新

古为今用

洋为中用

形式多样

乐见喜闻

学贵涵养

腹有才情

肩担道义

为民抒情

坚守良知

艺德为重

莫沾铜臭

向善存真

讴歌祖国

讴歌人民

为民抒写

先觉先行

现实浪漫[4]

充沛激情

为民抒怀

力创精品

艺术精湛

思想精深

文质兼美

德艺双馨

戏比天大

德如海深

台上演戏

台下做人

尊师爱徒

同仁相亲

不拘门派

互学共荣

刻苦学艺

术有专攻

精排精演

艺撼人心

体育健儿

英姿飒爽

刻苦训练

为国争光

驰骋亚运[5]

奥运[6]威扬

排球连冠

银球闪光

武术柔道

跳水花样

举重射击

体坛争强

比赛第二

友谊第一

全民运动

强身健体

“乒乓外交”⑦

领袖风范

中美邦交

举世盛赞

文获诺奖⑧

体逐赛场

一张一驰

民族辉煌

①【“二为”方向】即文艺工作者遵循为人民服务、为社会主义服务的政治方向。

②“双百”方针即毛泽东提出的“百花齐放、百家争鸣”的方针。1956年4月28日，毛泽东在中共中央政治局扩大会议

上说："'百花齐放、百家争鸣'，我看这应该成为我们的方针。艺术问题上百花齐放，学术问题上百家争鸣。"从此，它成为促进我国艺术发展和科学进步、繁荣社会主义文化的一项基本方针。

③【书美】指书法和美术。

④【现实浪漫】指现实主义和浪漫主义。

⑤【亚运】即亚洲运动会，简称"亚运会"，是亚洲地区举行的规模最大的综合性运动会，由亚洲奥林匹克理事会的成员国轮流主办。每四年举办一届，与奥林匹克运动会相间举行。

⑥【奥运】即奥林匹克运动会，简称"奥运会"，是国际奥林匹克委员会主办的世界规模最大的综合性运动会，每四年一届，分为夏季奥运会（"奥运会"）、冬季奥运会（"冬奥会"）。

⑦【乒乓外交】指1971年中国与美国两国乒乓球队互访的一系列事件。"乒乓外交"实际上推动了20世纪70年代中美两国的外交恢复，结束了中美两国20多年来人员交往隔绝的局面。

⑧【诺奖】指2012年莫言成为首位获得诺贝尔文学奖的中国作家。诺贝尔奖是以瑞典著名化学家、硝化甘油炸药发明人阿

尔弗雷德·贝恩哈德·诺贝尔的部分遗产（3100 万瑞典克朗）作为基金创立的。诺贝尔奖分设物理、化学、生理或医学、文学、和平五个奖项，以基金每年的利息或投资收益授予前一年世界上在这些领域对人类做出重大贡献的人，1901 年首次颁发。

新闻传媒

新闻工作

服务人民

反映生活

贴近群众

广播电视

报刊舆论

网络传媒

弘扬正能

坚定理想

献身新闻

忠于事业

宣传人民

新闻报道

导向引领

甘为喉舌[1]

凝聚民心

深入一线

走进基层

正确舆论

关注民生

新闻舆论

讴歌光明

忠于事实

反映民声

新闻贵新

报道务真

失新无闻

失真无信

坚持操守

不惧压力

揭露邪恶

主张正义

新闻批评

激浊扬清

舆论监督

主流为重

永不剽窃

莫报假闻

新闻纪律

严守谨行

广告新闻

求实求真

不为利纵

莫负良心

品位要高

行为须正

品高人尊

行端人敬

同行同仁

相互尊重

团结协作

相辅相承

①【喉舌】指我们国家的报纸、广播、电视等新闻媒体是党委、政府和人民的喉舌。

治学科研

治学科研

苦作舟船

业精于勤

知出于践

人类文明

源远流长

知识宝库

博学识广

好学究理

老益弥坚

程行万里

书读万卷

人皆可师

求解问难

聆人教诲

永不知厌

道出于议

理明于辩

博采众长

悉知人见

追求真知

努力实践

发幽探微

不避艰险

王充《论衡》[①]

沈括《笔谈》[②]

不囿传统

为世所传

时珍《本草》[③]

披荆历险

坚持真理

千锤百炼

居里夫人[④]

爱因斯坦[⑤]

献身科学

举世同赞

学如登高

用志弥坚

锲而不舍

可攀顶点

抄袭造假

取巧用奸

欲速不达

为世耻言

博学笃志

不为浮名

切问近思

天道酬勤

恩师庆来[6]

慧眼识骏

提携罗庚[7]

识才荐能

前贤后效

景润[8]之幸

人才接力

事业兴盛

不搞门阀

莫囿己见

密切合作

问鼎高尖

科学求真

治学究理

求知论道

知行合一

科研探索

高新当先

不屈不挠

克难攻坚

①【王充《论衡》】王充（公元27—约97年），字仲任，会稽上虞（今属浙江省）人。东汉杰出的唯物主义思想家和无神论者。他一生写书四部，流传下来的只有《论衡》一书。《论衡》共30卷，85篇，20余万字，是一部具有唯物主义哲学思想的著作。他敢于向传统观念提出挑战，并能以事实证明自己的主张。他在《论衡》中的思想远远超过了其所处的时代，至今仍有生命力。

②【沈括《笔谈》】沈括（约1031—1095年），北宋最博学

的科学家，字存中，杭州钱塘（今浙江省杭州市）人。仁宗嘉佑末进士，神宗时参加王安石变法运动，官至翰林学士。晚年著《梦溪笔谈》一书，30卷。书中第一次明确提出了磁针偏角问题，指出："方家以磁磨针锋，则能指南，然常微偏东，不全南也。"这是世界上关于地磁偏角的最早记录，比欧洲哥伦布发现地磁偏角早400年。英国著名科学家李约瑟博士誉之为"中国科学史上的坐标"。

③【时珍《本草》】李时珍（1518—1593年），中国明代杰出的医药学家，字东璧，晚年自号濒湖山人，蕲州（今湖北省蕲春县）人。继父祖业，行医采药，治病救人。他集几十年经验，参考800余种文献书籍，61岁时编成《本草纲目》巨著52卷，全书共190万字，分16部分，62类。共收药物1892种，附方11096则，插图1160幅。西方称这部书为"东方医学巨典"，达尔文称之为"中国古代百科全书"。李时珍受到世界科学界的尊敬，被列入世界科学伟人之行列。

④【居里夫人】即玛丽·居里（1867—1934年），法国著名科学家、物理学家、化学家，两次荣获诺贝尔奖，生于波兰。

她与丈夫皮埃尔·居里在事业上比翼双飞，先后发现了两种天然放射性元素。为了表达对祖国波兰的怀念之情，她把其中一种定名为“钋”（波的谐音）。为把这一科学成果献给全人类，她决定不申请专利，以便更快地将之用于医学领域。她的科学探索精神和高尚品德受到全人类的敬仰。

⑤【爱因斯坦】即阿尔伯特·爱因斯坦（1879—1955年），20世纪最伟大的物理学家，诺贝尔奖获得者。他1879年出生于德国一个犹太人家庭，1896年进入苏黎世联邦理工学院，1900年毕业，1933年因受纳粹政权迫害而迁居美国。基于对自然规律长期而深刻的思考，爱因斯坦认为旧的时空观念存在着严重的缺陷，于1905年发表了狭义相对论，后又推广为广义相对论。他的这一理论揭示了时间空间的辩证关系，加深了人们对物质和运动的认识，无论是在科学还是哲学上，都具划时代的重要意义。1999年12月26日，爱因斯坦被美国《时代周刊》评选为“世纪伟人”。

⑥【庆来】即熊庆来（1893—1969年），著名数学家，解放前曾任东南大学和清华大学数学系主任及云南大学校长，解放后

任中国科学院数学研究所研究员。熊庆来发现了华罗庚，在他的着力培养下，华罗庚刻苦钻研，为中国乃至世界科学界做出杰出贡献。

⑦【罗庚】即华罗庚（1910—1985年），著名数学家，江苏省金坛人。1930年到清华大学当助理，两年后升任讲师。1936年到英国剑桥大学做访问学者，1938年回国。主要著作有《堆垒素数论》《数学引论》和《典型群》等。华罗庚发现了陈景润，并像当年熊庆来赏识、培养他一样对待陈景润。

⑧【景润】即陈景润（1933—1996年），著名数学家，福建省福州人，中国科学院数学研究所研究员。在华罗庚的帮助和培养下，经过艰苦的研究和探索后，陈景润摘取了世界瞩目的数学明珠——在哥德巴赫猜想问题上获得了突破性成果，并由此被公认为国际级的数学奇才。

行天下

处世

处世之德

淡泊宁静

宁静致远

淡泊志明

世事如云

处之淡定

虚怀若谷

于事有成

志坚能勇

怀宽能容

言不妄出

行不妄动

乐时思忧

贵在自醒

顺亦自适

逆亦自静

事多无谋

怨多疏人

人有好恶

事须权衡

人无远虑

必有近忧

防微杜渐

未雨缪绸

从恶如崩

从善如登[1]

弃恶从善

爱憎分明

文明社会

法纪严明

遵纪律己

守法奉公

公益事业

福系民众

积极参与

各尽所能

养孤助残

扶贫济困

修路植树

造福子孙

资助教育

德昭后人

志愿行动

奉献爱心

公共秩序

协调众行

有章必遵

有序必循

热爱自然

优化环境

美化家园

天蓝水清

尊重妇女

保护儿童

合法权益

不允受侵

①【从恶如崩 从善如登】典出《国语·周语下》。意思是说，顺从良善如登山一样艰难，屈从邪恶如山崩一般迅速。

守法

守法之要

本分做人

权利义务

自觉履行

义务教育

竭诚育人

义务兵役

应征参军

依法纳税

涓滴归公

心系国家

情在人民

国有宪法

治国纲领

刑法惩顽

民法理民

婚姻法规

家庭基准

经济诸法

运行准绳

立法必依

建章必循

严守法纪

利己利人

坑蒙拐骗

危害民生

吸毒嫖赌

毁坏家庭

走私贩毒

祸国殃民

贪污腐败

如疮如痈

浪子回头

迷者猛醒

痛改前非

家庭大幸

人人守法

家家康靖

社会安定

国家昌盛

接物

接物之旨

尽随缘分

不以得喜

莫为失痛

良田万顷

日食三升

广厦千间

夜宿四平[1]

天下攘攘

莫重利往

厚德载物

无欲则刚

爱护公物

公民责任

绿色环保

利于生存

公益设施

服务公众

自觉维护

不毁不侵

公园花木

悦目赏心

游览观看

不折不躏

珍奇动物

稀有物种

备加爱护

不伤不擒

名胜古迹

自然风景

文明旅游

不污不损

公有财物

维护唯谨

破坏公物

损害当惩

人与环境

息息相关

珍惜天物

利泽久远

资源有限

再生维艰

节用天物

俭朴为范

保护森林

珍爱草原

采伐牧养

顾及长远

爱护鸟兽

维持食链[2]

生态平衡

良性循环

节能降耗

用水节俭

巧治“三废”[3]

再生资源

靠水养水

依山护山

合理开发

持续发展

金山银山

绿水青山

统筹协调

科学发展

保护环境

敬畏自然

生态文明

乐极人寰

①【四平】即四平方米。

②【食链】指食物链。

③【三废】指工业生产所排放的废气、废水、固体废弃物。

待人

待人之道

谦让诚信

严于律己

宽以待人

人不求全

文莫求同

与人宽让

以行取信

水清无鱼

疑多无信

有容乃大

以信服众

休恃己长

秉持谦逊

莫论人短

尊人自尊

若有争议

及时沟通

相互谅解

存异求同

人有不当

当容则容

己有过错

认错赔情

己所不欲

勿施于人

予人玫瑰

手留余馨

受托必果

有诺务行

应约赴会

守时务准

助人为乐

送炭雪中

困难留己

方便让人

济助老弱

帮扶盲聋

照顾妇幼

优先军人

让座让路

主动热情

陌路相遇

待若亲朋

邻里相处

以和为重

与人为善

坦荡真诚

倘生纷争

主动调停

谁是谁非

道理讲清

握手言和

高低莫争

前嫌不计

大度能容

容人过错

不纵非为

量人所难

不降底线

图书在版编目（CIP）数据

为人之道/国子著. —北京：时事出版社，2017. 8
ISBN 978-7-5195-0111-2

Ⅰ. ①为… Ⅱ. ①国… Ⅲ. ①人生哲学—通俗读物
Ⅳ. ①B821-49

中国版本图书馆 CIP 数据核字（2017）第 166562 号

出版发行：时事出版社
地　　址：北京市海淀区万寿寺甲 2 号
邮　　编：100081
发行热线：（010）88547590　88547591
读者服务部：（010）88547595
传　　真：（010）88547592
电子邮箱：shishichubanshe@ sina. com
网　　址：www. shishishe. com
印　　刷：北京市昌平百善印刷厂

开本：880 × 1230　1/32　印张：4. 375　字数：80 千字
2017 年 8 月第 1 版　2017 年 8 月第 1 次印刷
定价：25. 00 元
（如有印装质量问题，请与本社发行部联系调换）